公路施工安全教育系列丛书——工种安全操作
本书为《公路施工安全视频教程》配套用书

载货汽车驾驶员

安全操作手册

广　东　省　交　通　运　输　厅　组织编写
广东省南粤交通投资建设有限公司
中铁隧道局集团有限公司　主　编

人民交通出版社股份有限公司
China Communications Press Co.,Ltd.

内 容 提 要

本书是《公路施工安全教育系列丛书——工种安全操作》中的一本，是《公路施工安全视频教程》（第五册　工种安全操作）的配套用书。本书主要介绍载货汽车驾驶员安全作业的相关内容，包括：载货汽车驾驶员简介，载货汽车驾驶员的职责及主要安全风险，载货汽车驾驶员基本要求，载货汽车操作安全要求，载货汽车检修维护安全要求等。本书可供载货汽车驾驶员使用，也可作为相关人员安全学习的参考资料。

图书在版编目（CIP）数据

载货汽车驾驶员安全操作手册/广东省交通运输厅组织编写；广东省南粤交通投资建设有限公司，中铁隧道局集团有限公司主编. — 北京：人民交通出版社股份有限公司，2018.12

ISBN 978-7-114-15057-9

Ⅰ. ①载…　Ⅱ. ①广… ②广… ③中…　Ⅲ. ①载重汽车－汽车驾驶员－技术手册　Ⅳ. ①U469.209-62

中国版本图书馆 CIP 数据核字（2018）第 225943 号

Zaihuo Qiche Jiashiyuan Anquan Caozuo Shouce

书　　名：载货汽车驾驶员安全操作手册
著 作 者：广东省交通运输厅组织编写
广东省南粤交通投资建设有限公司　中铁隧道局集团有限公司主编
责任编辑：韩亚楠　朱明周
责任校对：刘　芹
责任印制：刘高彤
出版发行：人民交通出版社股份有限公司
地　　址：（100011）北京市朝阳区安定门外外馆斜街 3 号
网　　址：http://www.ccpress.com.cn
销售电话：（010）59757973
总 经 销：人民交通出版社股份有限公司发行部
经　　销：各地新华书店
印　　刷：北京建宏印刷有限公司
开　　本：880×1230　1/32
印　　张：1.625
字　　数：44 千
版　　次：2018 年 12 月　第 1 版
印　　次：2022 年 11 月　第 3 次印刷
书　　号：ISBN 978-7-114-15057-9
定　　价：15.00 元

编委会名单

EDITORIAL BOARD

致工友们的一封信

LETTER

亲爱的工友：

你们好！

为了祖国的交通基础设施建设，你们离开温馨的家园，甚至不远千里来到施工现场，用自己的智慧和汗水将一条条道路、一座座桥梁、一处处隧道从设计蓝图变成了实体工程。你们通过辛勤劳动为祖国修路架桥，为交通强国、民族复兴做出了自己的贡献，同时也用双手为自己创造了美好的生活。在此，衷心感谢你们！

交通建设行业是国家基础性和先导性行业，也是安全生产的高危行业。由于安全意识不够、安全知识不足、防护措施不到位和违章操作等原因，安全事故仍时有发生，令人非常痛心！从事工程施工一线建设，你们的安全牵动着家人的心，牵动着广大交通人的心，更牵动着党中央及各级党委、政府的心。为让工友们增强安全意识，提高安全技能，规范安全操作，降低安全风险，保证生产安全，我们组织开发制作了以动画和视频为主要展现形式的《公路施工安全视频教程》（第五册　工种安全操作），并同步编写了配套的《公路施工安全教育系列丛书——工种安全操作》口袋书。全套视频教程和配套用书梳理、提炼了工种操作与安全生产相关的核心知识和现场安全操作要点，易学易懂，使工友们能知原理、会工艺、懂操作，在工作中做到保护好自己和他人不受伤害。

请工友们珍爱生命，安全生产；祝福你们身体健康，工作愉快，家庭幸福！

广东省交通运输厅

二〇一八年十月

目录

CONTENTS

1　载货汽车驾驶员简介 …………………………………… 1

2　载货汽车驾驶员的职责及主要安全风险 ……………… 8

3　载货汽车驾驶员基本要求 ……………………………… 12

4　载货汽车操作安全要求 ………………………………… 15

5　载货汽车检修维护安全要求 …………………………… 37

1 PART 载货汽车驾驶员简介

载货汽车驾驶员是指操作载货汽车从事货物或散装物料(渣土、砂石料、混凝土、钢材等)运输的专业人员。

1.1 载货汽车简介

载货汽车是指设计和制造上主要用于载运货物或牵引挂车的汽车。主要由发动机、底盘(包括传动系、行驶系、转向系、制动系)、车身、电气系统(包括电源、起动系统、点火系统、照明系统、信号系统等)和液压系统等组成。

载货汽车按照最大设计总质量分为以下几种：

序号	类　型	说　明
1	重型	最大允许总质量（以下简称“总质量”）大于等于12000kg的载货汽车
2	中型	车长大于等于6000mm或者总质量大于等于4500kg且小于12000kg的载货汽车，但不包括低速货车
3	轻型	车长小于6000mm且总质量小于4500kg的载货汽车，但不包括微型载货汽车和低速汽车（三轮汽车和低速货车的总称，下同）
4	微型	车长小于3500mm且总质量小于1800kg的载货汽车，但不包括低速汽车
5	三轮（三轮汽车）	以柴油机为动力，最大设计车速小于等于50km/h，总质量小于2000kg，长小于等于4600mm，高小于等于2000mm，具有三个车轮的货车。其中，采用方向盘转向、由传递轴传递动力、有驾驶室且驾驶人座椅后有物品放置空间的，总质量小于等于3000kg，车长小于等于5200mm，宽小于等于1800mm，高小于等于2200mm，三轮汽车不应具有专项作业的功能
6	低速（低速货车）	以柴油机为动力，最大设计车速小于70km/h，总质量小于等于4500kg，长小于等于6000mm，宽小于等于2000mm，高小于等于2500mm，具有四个车轮的货车。低速汽车不应具有专项作业的功能

按照车型分为平板车、自卸车、厢式车及专用作业车辆(混凝土泵车、混凝土运输车、爆破器材运输车)等。

平板车

自卸车

厢式车

混凝土泵车

混凝土运输车

爆破器材运输车

1.2 载货汽车注意事项

载货汽车须按规定频次到专业机构进行安全技术检验，并获得相应的检验合格标志。

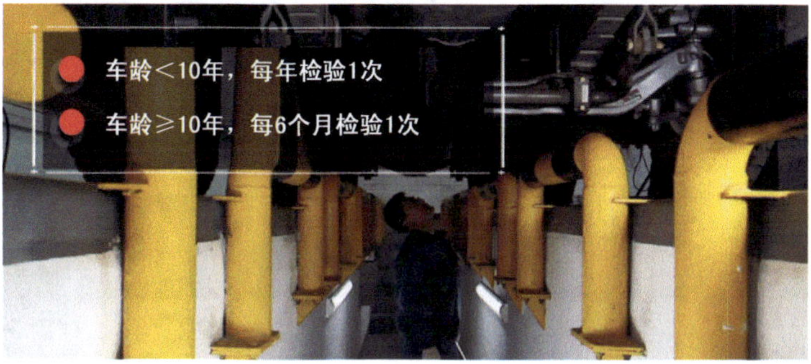

机动车登记证书

保险标志

检验合格标志

环保标志

需在施工场外道路行驶的载货汽车应经交管部门进行登记，取得机动车登记证书、号牌和行驶证，方可上路行驶。

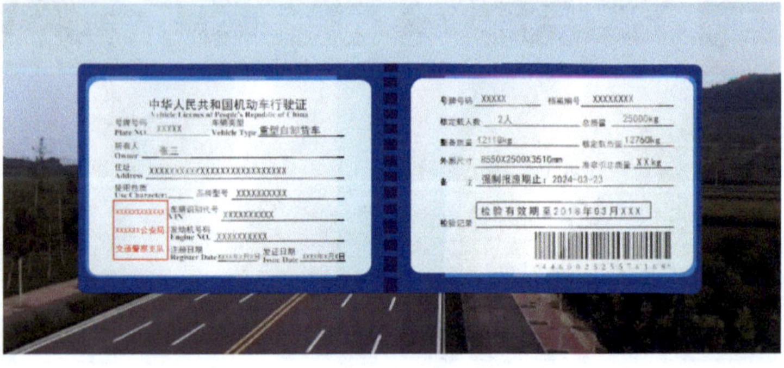

公路工程施工常用的专用作业车，主要用于渣土、砂石料、混凝土、钢材、火工品及油料运输等。

用于场内施工的专用作业车宜安装倒车声光报警系统、倒车雷达、倒车可视系统及行车记录仪等辅助安全装置，避免盲区、死角等引发事故。

2 PART 载货汽车驾驶员的职责及主要安全风险

2.1 载货汽车驾驶员的职责

(1)熟悉驾驶车辆的机械性能和车辆状况,做到“三知四会”。

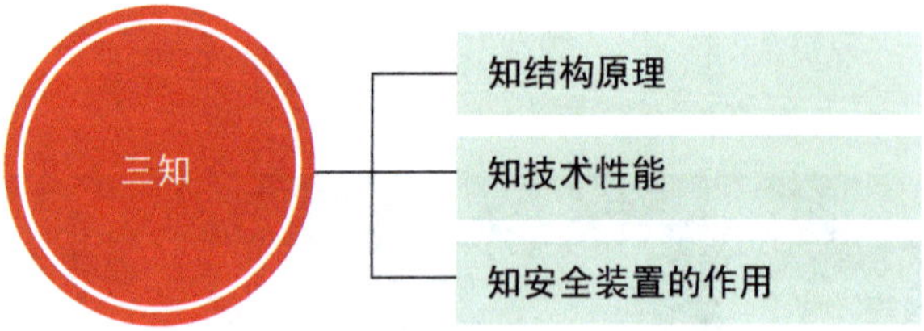

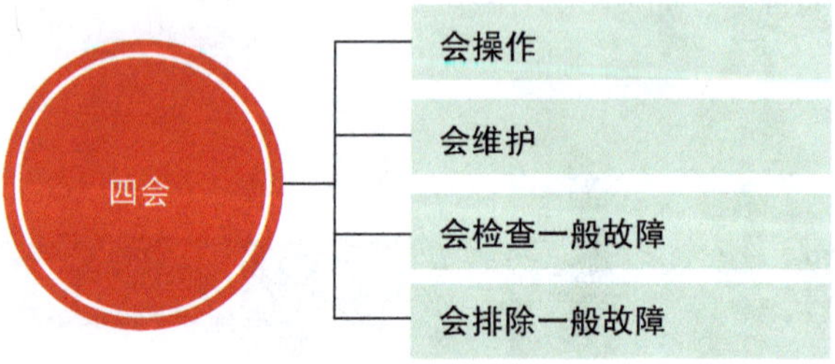

(2)熟练掌握并严格遵守安全操作规程;严格执行安全管理规章制度,做好安全技术交底,规范驾驶车辆。

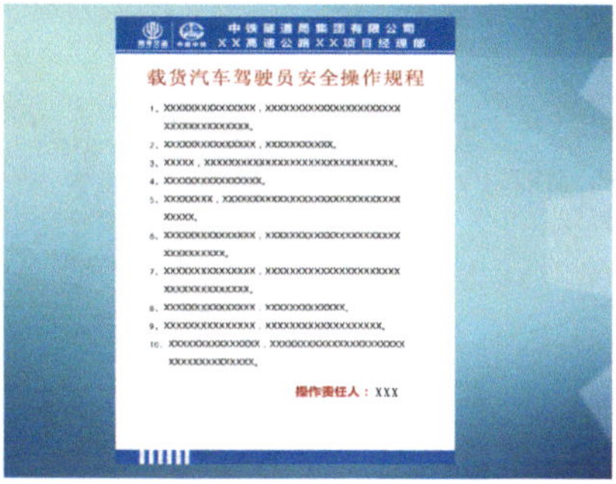

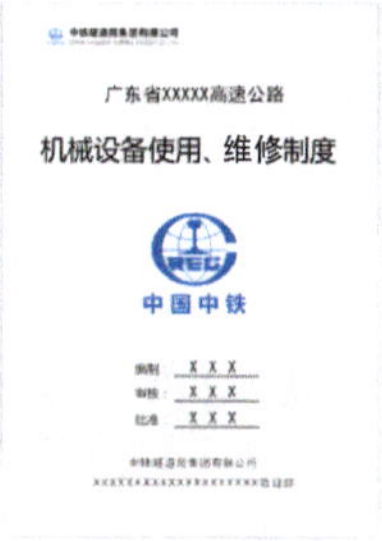

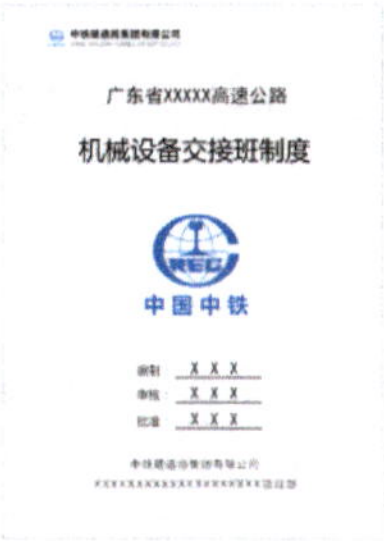

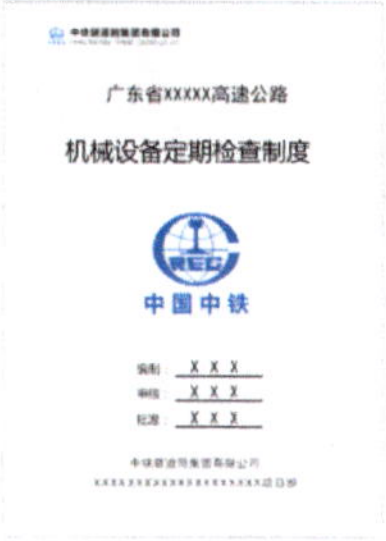

(3)遵守道路交通安全法规及交通规则,密切注意道路状况、信号及警示标识,专心驾驶。

(4)驾驶过程中服从指挥,对违章指挥、强令冒险作业有权拒绝。

(5)做好车辆的日常检查、维护保养等工作;及时处理车辆故障,不应驾驶带"病"车。

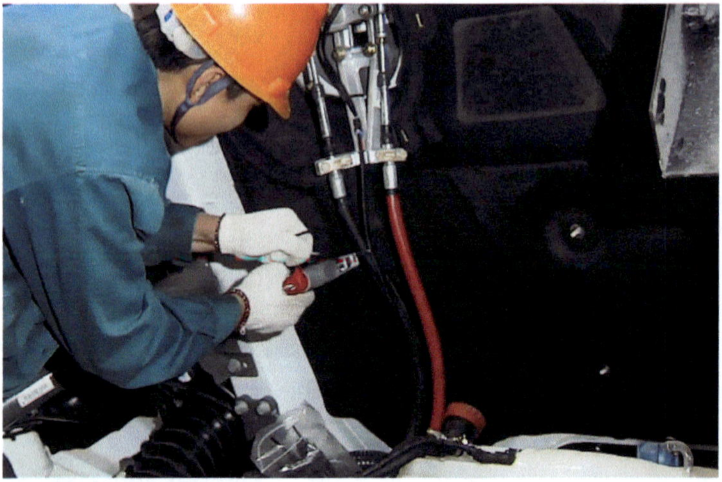

2.2 载货汽车操作过程中存在风险

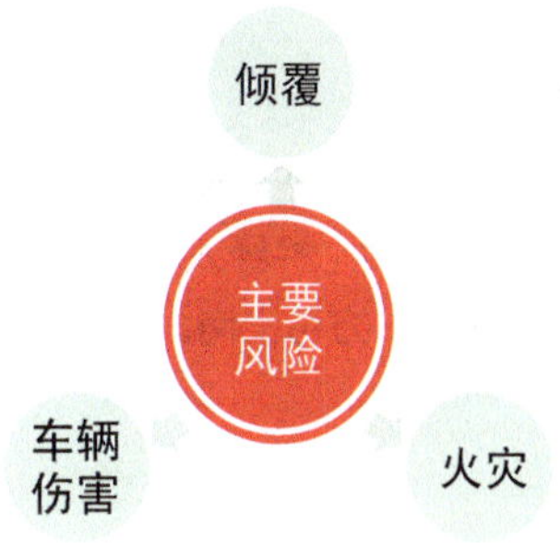

倾覆：在行驶中靠近道路边缘或在卸渣过程中距离卸料边缘过近造成倾翻。

车辆伤害：行驶前未观察周边环境或行驶中操作不当造成碰撞人员或其他车辆。

火灾：车辆管线路故障引发火灾。

3 PART 载货汽车驾驶员基本要求

1 载货汽车驾驶人员应年满18周岁，身体健康，无色盲、视力及听力障碍等职业禁忌症。

2 必须持与所驾驶车型相符的驾驶证件，并经入场安全教育培训后，方可上岗。

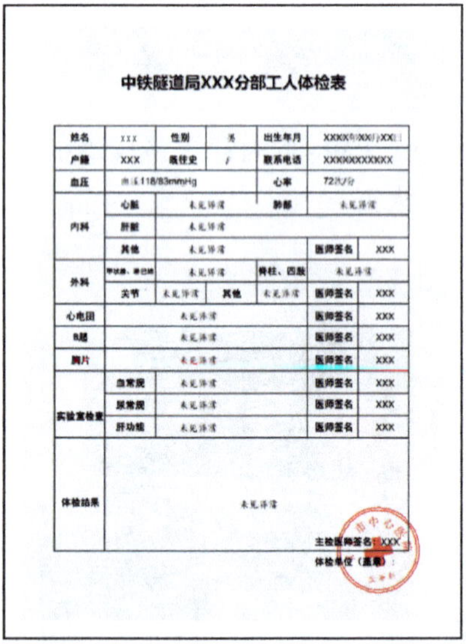

中铁隧道局XXX分部工人体检表

姓名	XXX	性别	男	出生年月	XXXX年XX月XX日	
户籍	XXX	既往史	/	联系电话	XXXXXXXXXXX	
血压	血压118/83mmHg			心率	72次/分	
内科	心脏	未见异常		肺部	未见异常	
	肝脏	未见异常				
	其他	未见异常			医师签名	XXX
外科	甲状腺、淋巴结	未见异常		脊柱、四肢	未见异常	
	关节	未见异常	其他	未见异常	医师签名	XXX
心电图	未见异常				医师签名	XXX
B超	未见异常				医师签名	XXX
胸片	未见异常				医师签名	XXX
实验室检查	血常规	未见异常			医师签名	XXX
	尿常规	未见异常			医师签名	XXX
	肝功能	未见异常			医师签名	XXX
体检结果	未见异常					

主检医师签名：XXX

体检单位（盖章）：

3

严格按照定人、定机、定岗位职责的“三定”原则作业。

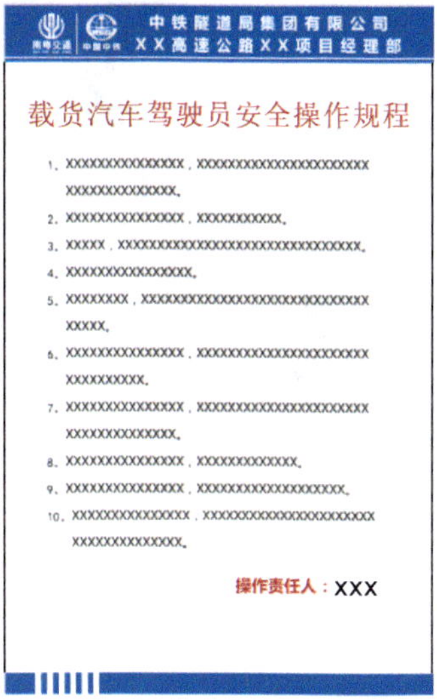

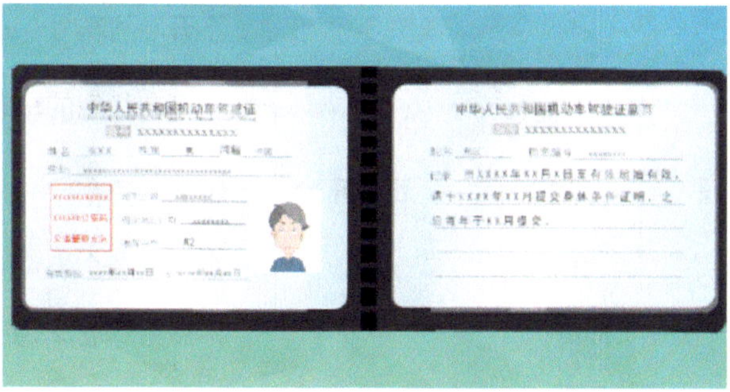

4 规范佩戴个人防护用品，着装符合安全要求。

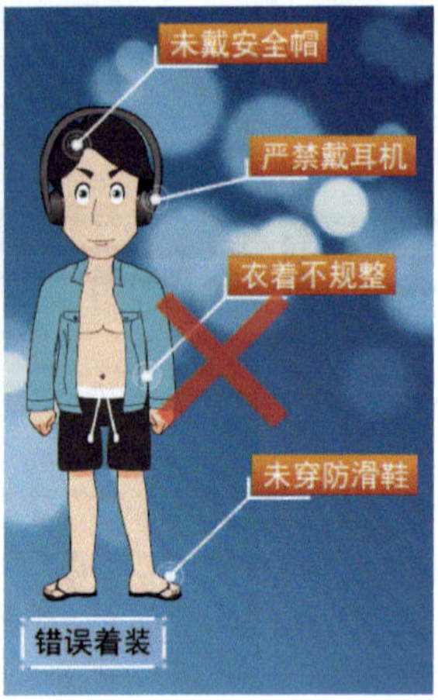

5 严格执行“三不超、五不开”。

- 三不超
  - 不超速
  - 不超载
  - 不超员
- 五不开
  - 不开斗气车
  - 不开有隐患的车辆
  - 不酒后开车
  - 不开准驾不相符的车辆
  - 不疲劳驾驶车辆

4 PART 载货汽车操作安全要求

4.1 作业前安全要求

（1）作业前检查车体外观是否正常，有无漏水、漏油、漏气、漏电等现象。

（2）对车体结构连接、轮胎气压及磨损情况，燃油、润滑油及冷却液等的添加情况，安全防护措施等进行检查确认；对易燃、易爆类物品运输车的消防和消除静电措施等进行检查确认。

(3)装载物品应捆绑稳固牢靠,并注意控制整车重心,轮式机具和圆形物件装运应采取防止滚动的可靠措施,严禁车厢载人。

(4)上下驾驶室必须抓稳、扶牢,严禁跳跃上下。

(5)起动前,逐一做好驾驶室各项检查工作,确认离合器接合平稳可靠,制动踏板及加速踏板行程符合要求,风窗玻璃完好,后视镜调节到位、视野良好。驻车制动有效,挡位操纵杆处于空挡。

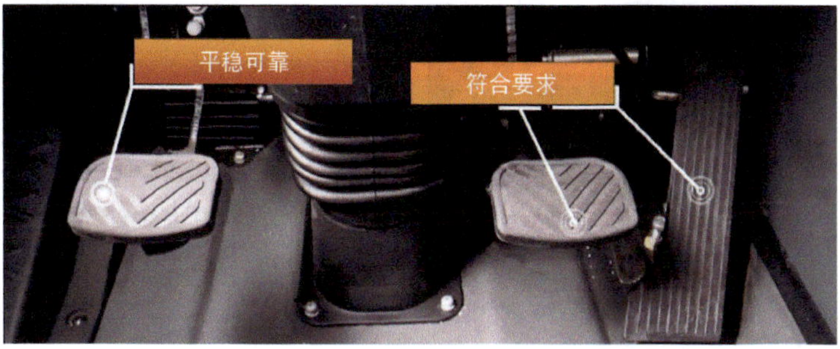

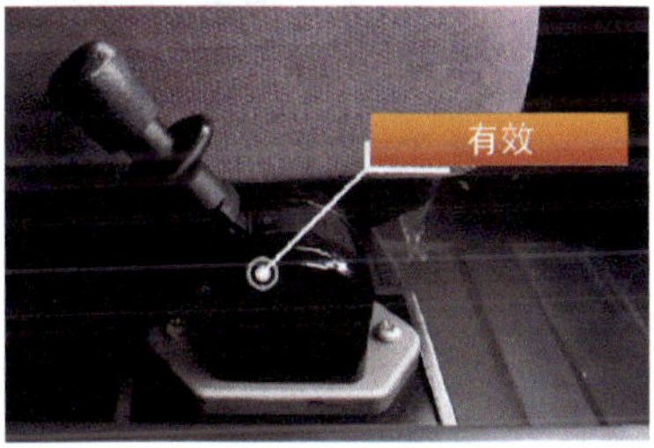

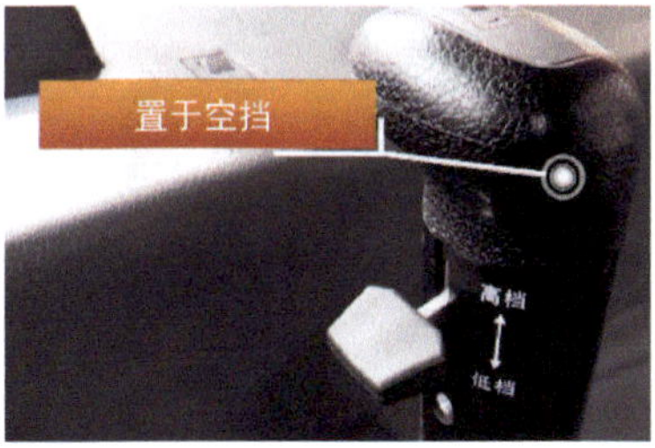

(6)起动后,应观察各仪表指示值,确认发动机运转正常,无异常声响及抖动,灯光、喇叭工作正常,转向机构及制动工作性能良好。系好安全带,待水温达到40℃以上、制动气压达到安全压力以上时,确认周边环境安全后低挡起步。

4.2 作业中安全要求

(1)进入施工现场按规定线路及速度行驶,注意避让人员及障碍物。

(2)车辆行驶中,应随时注意通行区域的高度、宽度,防止发生剐蹭、碰撞事故。

(3)便道、便桥行驶时,应确认道路宽度、承载力及路况符合安全行车条件,方可通过。

(4)车辆通过软基或泥泞地段时,应低挡匀速行驶,严禁突然换挡、制动或加速,不得靠近路边或沟旁行驶,谨防侧滑。

(5)下坡路段，提前减速，并充分利用发动机阻力控制车速，严禁空挡滑行；上下坡须与前方车辆保持 50m 以上的车距。

(6)车辆驾驶中，遇相对方向来车，减速慢行，相互礼让。

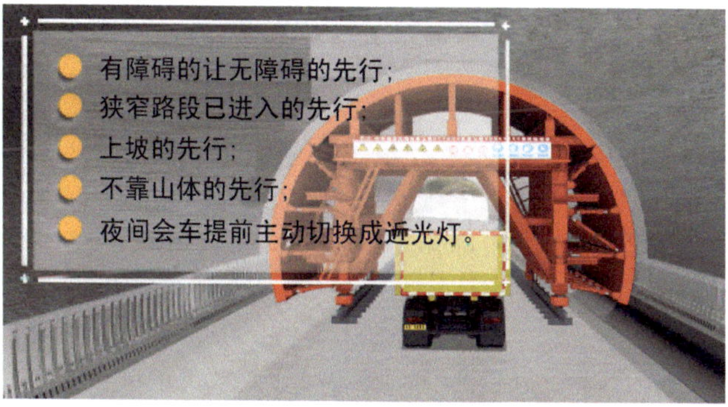

(7)弯道、交叉区域行驶时,必须减速鸣笛,缓慢通过。

(8)车辆回转、倒车、卸料时设专人指挥。

(9)在雨、雪、大雾等恶劣天气行驶时,必须减速慢行,适当加大车距。

积雪、结冰道路行驶时,应采取有效防滑措施(如挂设防滑链)。

(10)车辆涉水过河时,应先探明情况(水深、流速和水底承载力),低速直线通过,不得在中途停车或换挡。涉水后,应缓行一段路程,并连续轻踏制动器去除制动片上水分,恢复制动效力。

(11)行驶过程中,发现机油压力偏低,水温过高或有异响、异味时,应立即停车处理。

仪表盘

停车处理

(12)夜间行车或进入地下空间时,应及时打开车灯。

(13)自卸汽车应重点注意以下安全事项：

①自卸汽车装散料时，应有防止散落的措施。

②自卸汽车非顶升作业时，应将顶升操纵杆放在空挡位置，防止意外顶升。

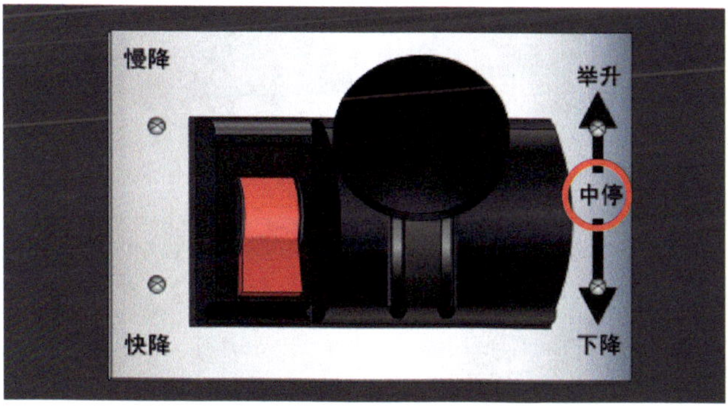

③卸料前，应服从现场人员指挥。卸料区车厢上方应无电线或障碍物，四周无往来人员。弃碴场、边坡边缘等位置卸料时应保持安全距离(≥1.5m)，严禁在斜坡面上举升车厢卸料，防止翻车。

④举升车厢时，发动机中速运转，控制举升速度，当车箱升到顶点时，应降低发动机转速，减少车厢振动，避免发生车辆倾翻。

⑤卸料完毕，应在车厢复位后方可起步。车厢顶升状态时禁止行驶。

(14)平板拖车应重点注意以下安全事项：

①拖车装卸机械时，应停在平坦坚实处，轮胎应制动并用垫木楔紧。装载的机械位置分配合理，各轴负荷均匀。

②平板拖车的跳板应坚实，在装卸自行式机械（挖掘机、压路机等）时，跳板与地面夹角一般不应大于15°。并有专人指挥，平稳上下。

③机械装车后，各制动器应制动，各保险装置应锁牢，履带或车轮应楔紧，并绑扎牢固。

④运输超限物件时，应制订运输方案并办理通行手续，在规定时间内按规定路线行驶。超限部分白天应插警示旗，夜间应挂警示灯。运输时应配备开道车，专门人员随车携带加固工具，保证运输安全。

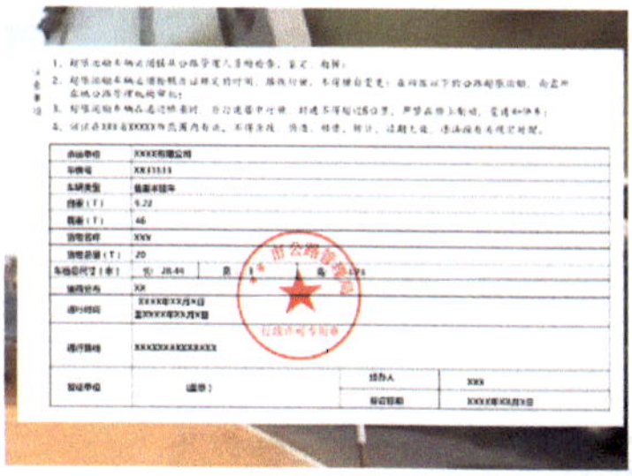

(15)混凝土搅拌运输车应重点注意以下安全事项：

①卸料槽锁扣及搅拌筒的安全锁定装置应齐全完好。

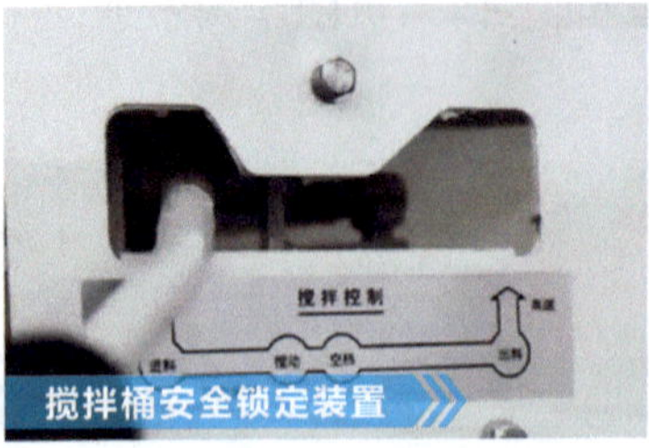

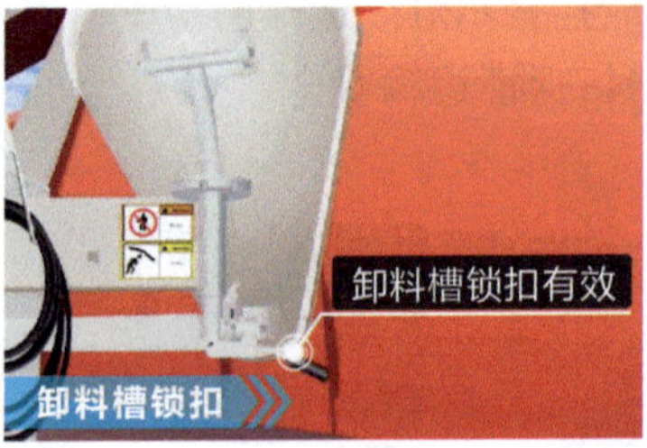

②搅拌筒及机架缓冲件无裂纹或损伤，筒体与托轮接触良好。搅拌叶片、进料斗、主辅卸料槽应无严重磨损和变形，卸料槽锁扣应扣牢。

③装料前应先空载运转，检查无误并低速旋转搅拌筒 3 ~ 5 分钟后方可装料，装载量不得超过额定容积。

④混凝土运输中应保持搅拌筒持续旋转（防止混凝土凝固），并在混凝土凝固前放出（避免混凝土凝固在搅拌筒内难于处理）。

⑤到达作业面时应听从指挥，注意观察，缓慢就位。停车地面平整坚实，与基坑边缘、输电线路等保持安全距离。出料时应可靠制动。

(16)混凝土泵车应重点注意以下安全事项：

①应在平整坚实的地面展开作业，支腿支垫牢固，车身平稳。臂架回转范围内无障碍物并与输电线路保持安全距离。

混凝土泵车与架空线路边线的最小安全距离

安全距离(m)	电压(kV)						
	<1	10	35	110	220	330	500
沿垂直方向	1.5	3.0	4.0	5.0	6.0	7.0	8.5
沿水平方向	1.5	2.0	3.5	4.0	6.0	7.0	8.5

②伸展布料杆应按出厂说明书的顺序进行，布料杆升离支架后方可回转，严禁用布料杆起吊或拖拉物件。

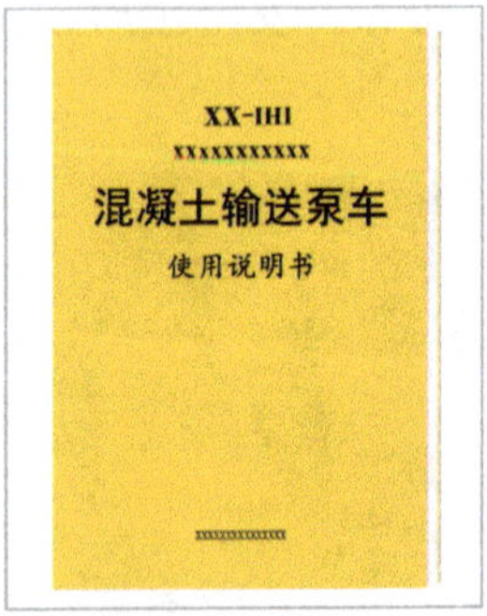

③当布料杆处于全伸状态时，不得移动车身。作业中需要移动车身时，应将布料杆折叠固定，移动速度不得超过10km/h。

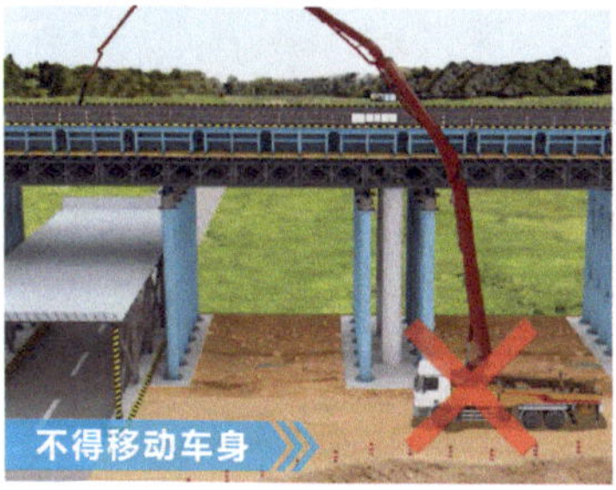

④严禁延长布料配管和布料软管。

（17）爆破器材运输车应重点注意以下安全事项：

①爆破器材运输，应遵守《民用爆炸物品安全管理条例》、《爆破安全规程》有关要求。运输车辆及驾驶人员必须是经公安机关核准备案的专用车辆和人员，车辆按规定安装易燃易爆危险物品警示标志。

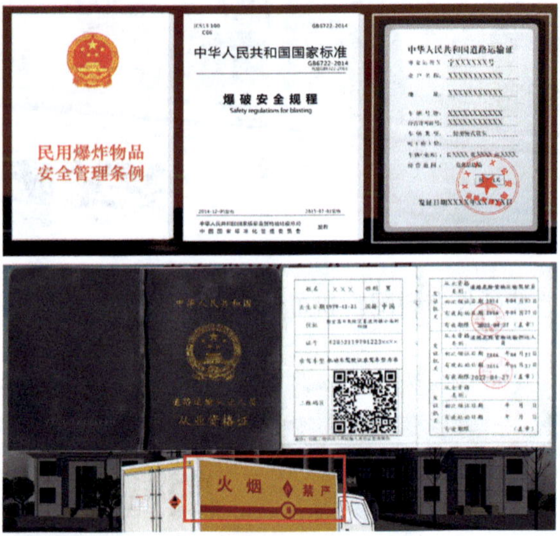

②炸药、雷管必须分开运输，由专人押运，禁止搭乘无关人员或混装其他物品。

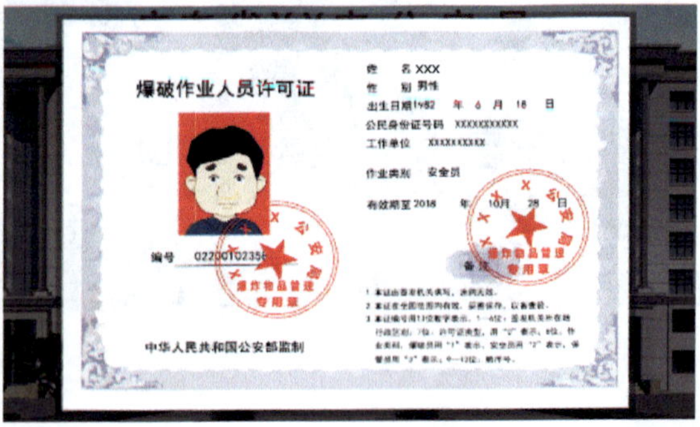

③车辆应按指定路线行驶，并保持安全车速及车距（车速要求：一般行驶速度不超过 40km/h，环境或道路能见度较差时应降低车速。车距要求：平坦道路行驶，车距不应小于 50m，坡道行驶，车距不应小于 300m。）；途中因故障停留必须立即报告，设警示标志，由专人看守，并远离建筑设施和人口稠密区域。

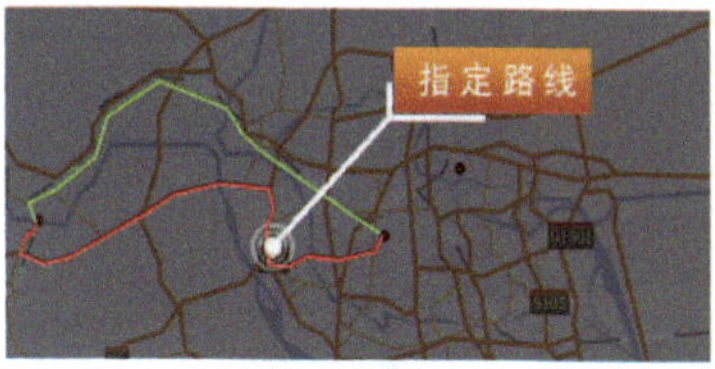

④遇暴雨、雷电、大雾等恶劣天气必须停止运输和装卸作业。

4.3 作业后安全要求

(1)作业后,车辆应在平坦、安全的指定区域集中停放;拉紧驻车制动,变速箱及各操纵杆置于“空挡”位置;熄火并拔出钥匙,锁闭车辆门窗后,方可离开。

(2)必须在坡道停放时,上坡向将挡位置于“前进挡”,下坡向将挡位置于“倒挡”,并将轮胎楔紧。

5 PART 载货汽车检修维护安全要求

(1)驾驶员日常须对车体结构、外观、管线路(油、水管及电线路)、制动、转向及液压系统、过滤装置、仪表、轮胎、照明等进行检查,发现异常及时处理。

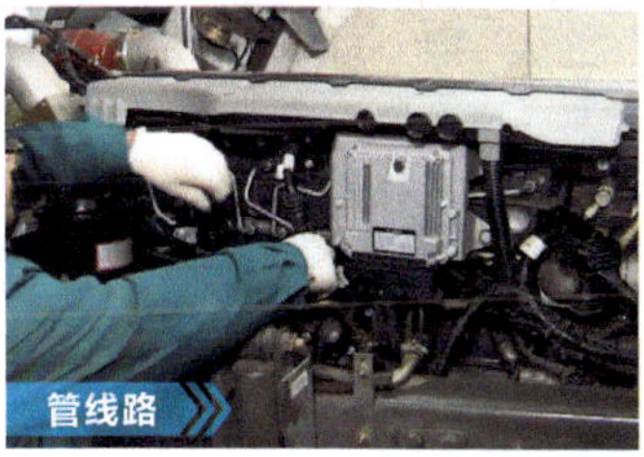

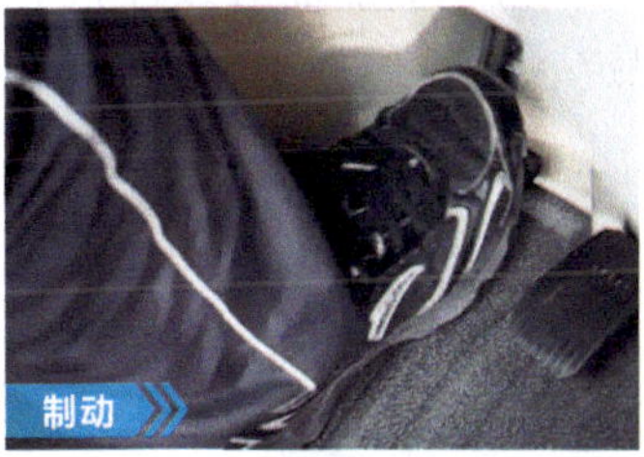

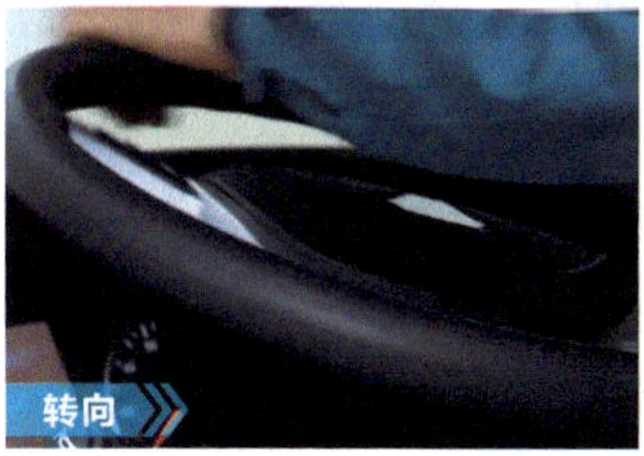

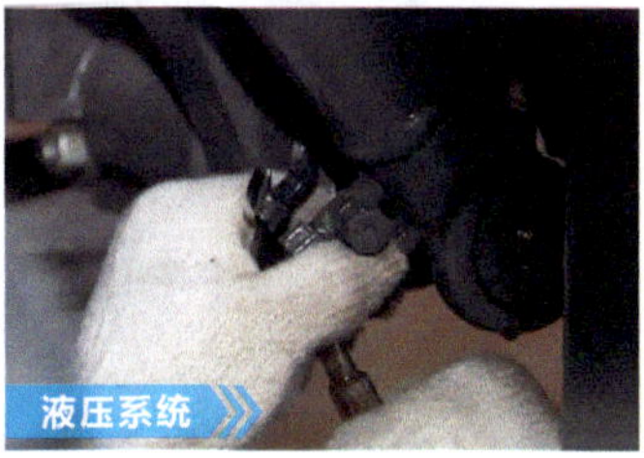

过滤装置

仪表

轮胎

照明

（2）车辆加油必须停机熄火，遵守油库或加油站安全管理规定。

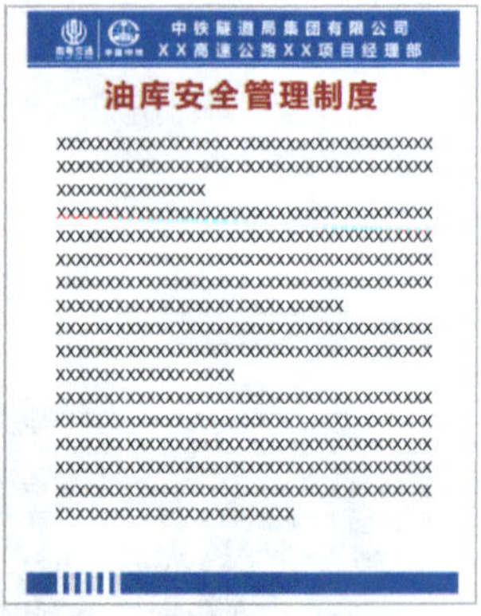

(3)车辆检修,须待发动机熄火时进行,应当心水温、油温,以免引起烫伤。

(4)在车底进行保养、检修时,应拉紧手制动器并将车轮楔牢。

(5)举升车厢进行检修、润滑等作业时,应将车厢支撑牢靠。

(6)平头型驾驶室前倾检修时,应关紧车门,确保锁定,防止驾驶室下落。复位后,应确认驾驶室已锁定,方可起动。

(7)轮胎充气时,控制充气速度,不得超压(避免轮胎爆炸伤人)。

(8)火工品运输车辆维修时,须将爆破器材退库方可进行。

(9)进入混凝土罐车搅拌筒维修、铲除清理混凝土前,必须将发动机熄火,操作杆置于“空挡”,拔出钥匙,悬挂安全警示牌,设专人监护。

载货汽车驾驶员安全口诀

车辆驾驶莫侥幸　安规交规要入心

行车载物别任性　上车检查精细心

试车听音别看轻　起步环境要查明

驾驶过程要机警　仪表镜子经常盯

路口弯道笛常鸣　人货混装要严禁

多拉快跑不能抢　危险路段不冒行

检查维护认真做　防护装置不放过